Amina Belguendouz

A maravilha medicinal de Crocus sativus L.: desvendando os seus fitoquímicos

AF524610

Amina Belguendouz

A maravilha medicinal de Crocus sativus L.: desvendando os seus fitoquímicos

Explorando a ciência e a tradição por trás da especiaria dourada da natureza

ScienciaScripts

Imprint
Any brand names and product names mentioned in this book are subject to trademark, brand or patent protection and are trademarks or registered trademarks of their respective holders. The use of brand names, product names, common names, trade names, product descriptions etc. even without a particular marking in this work is in no way to be construed to mean that such names may be regarded as unrestricted in respect of trademark and brand protection legislation and could thus be used by anyone.

Cover image: www.ingimage.com

This book is a translation from the original published under ISBN 978-3-659-91499-7.

Publisher:
Sciencia Scripts
is a trademark of
Dodo Books Indian Ocean Ltd. and OmniScriptum S.R.L publishing group

120 High Road, East Finchley, London, N2 9ED, United Kingdom
Str. Armeneasca 28/1, office 1, Chisinau MD-2012, Republic of Moldova, Europe
Managing Directors: Ieva Konstantinova, Victoria Ursu
info@omniscriptum.com

Printed at: see last page
ISBN: 978-620-8-39680-0

ÍNDICE

Introdução geral

O açafrão é uma das culturas comerciais mais caras do mundo entre as plantas medicinais e, como resultado, tem sido chamado de "ouro vermelho" **(Leone et al., 2018 ; Cardone, 2020).** É conhecida há mais de 4.000 anos e tem sido utilizada principalmente na medicina tradicional como tónico e antidepressivo **(Shokrpour, 2019 ; Cardone, 2020).** Esta especiaria é obtida a partir de estigmas vermelhos secos de Crocus sativus L. e é valorizada na indústria alimentar para tingir e aromatizar vários pratos (ou seja, "paella" em Espanha, "risotto milanese" em Itália, pães "lussekatter" na Suécia) e bebidas alcoólicas devido à sua coloração, aroma e capacidade aromática **(Mzabri et al., 2019; Cardone, 2020).** Em particular, o açafrão está a atrair a atenção dos consumidores graças às suas propriedades benéficas para a saúde humana **(Kyriakoudi et al., 2015; Cardone, 2020)**

O açafrão pode representar um complemento de rendimento, permitindo a diversificação da produção, a multifuncionalidade das explorações e a promoção do turismo gastronómico numa agricultura sustentável **(Gresta, 2008a ; Cardone, 2020).** Os rendimentos do açafrão diminuíram consideravelmente devido a vários problemas e, por isso, novas pesquisas voltaram a sua atenção para a melhoria do rendimento e da qualidade do estigma através da escolha da origem geográfica do cormo, bem como de práticas agronómicas como a fertilização e o uso de bioestimulantes que podem aumentar a capacidade de retenção de água e nutrientes **(Ghanbari et al., 2019 ;Cardone, 2020).**

Capítulo I

Informações gerais sobre a planta do açafrão.

1. História

O nome "açafrão" deriva do latim safranum, ele próprio inspirado no árabe "zaafarân", cuja raiz exprime uma noção essencial, a cor amarela. O nome do género "Crocus" vem do grego Krokos, que significa "filamento", em alusão aos estigmas da planta. O termo "sativus", por outro lado, significa "cultivado", uma vez que o Crocus sativus, através da sua reprodução vegetativa, não se pode multiplicar sem a mão do homem **(Chahine, 2014 ; El Midaoui, 2022).**

A história do açafrão na cultura e nos costumes humanos remonta a mais de 3000 anos e está presente em muitas culturas, continentes e civilizações. Com o seu sabor amargo, fragrância a feno e notas ligeiramente metálicas, o açafrão tem sido utilizado como tempero, perfume, corante e medicamento. Pensa-se que é originário do Médio Oriente, tendo sido provavelmente cultivado pela primeira vez em Caxemira **(Mcgee, 2004 ; El Midaoui, 2022).**

As antigas civilizações da Mesopotâmia já utilizavam esta preciosa especiaria como tempero, tintura de linho e em ritos religiosos. Ao longo da história, a cor do açafrão tem sido considerada um símbolo de luz, espiritualidade e sabedoria **(Aramburu et al., 2006; El Midaoui, 2022).**

Estreitamente ligado à religião e à espiritualidade, os hebreus e os egípcios utilizavam o açafrão para aromatizar e colorir os alimentos durante as festas religiosas; os médicos faraónicos receitavam-no também para todas as doenças do estômago **(Chahine, 2014 ; El Midaoui, 2022).**

O açafrão foi então transmitido aos gregos e aos romanos, que o utilizavam de diversas formas: na cozinha, na perfumaria e na tinturaria. O mesmo aconteceu na Índia e em Marrocos. Na Sicília e em Itália, a cultura do açafrão remonta aos romanos. No século IX, os árabes introduziram-no no Norte de África e depois em Espanha **(Chahine, 2014; El Midaoui, 2022).**

2. Caraterísticas genéticas e botânicas

Caraterísticas genéticas

O Crocus sativus é uma planta triploide, estéril, que se reproduz por propagação vegetativa através do seu cormo, um órgão de reserva semelhante a um bolbo **(Arvy & Gallouin 2003 ; Kothari, 2021).**

Planta monocotiledónea, herbácea, perene, que floresce no outono e não existe na natureza. É uma planta rústica, devido à sua morfologia e fisiologia, sendo a planta dependente do homem para a sua reprodução, tem uma a três flores por bolbo e dois a três bolbos por planta, pode atingir de 10 a 25 cm de altura **(Winterhalter & Straubinger, 2000 ; Kothari, 2021).**

Figura 01: Aspeto geral de *Crocus sativus* L.

Caraterísticas botânicas

Entre as 85 espécies pertencentes ao género crocus, o açafrão é a espécie mais fascinante. O açafrão é classificado taxonomicamente como **(Kothari, 2021) :**

Reino: planta
Filo: Espermatófitas
Sub-ramo : Angiospérmicas (Magnoliophyta)
Classe: Monocotiledóneas (Liliopsida)
Subclasse: Liliidae
Ordem: Liliales
Família: *Iridaceae*
Subfamília: *Crocoideae*
Género: *Crocus*
Espécies: *Crocus sativus.L*

Figura 02: Flor de *Crocus sativus* L.

3. A difusão e a importância económica do açafrão

3.1. A nível mundial

A maior parte da produção mundial provém de uma vasta faixa que se estende desde o Mar Mediterrâneo até à parte ocidental de Caxemira. São produzidas anualmente cerca de 300 toneladas de açafrão, incluindo pós e estigmas. O Irão domina este mercado com mais de 90% **(Teusher, 2005; El Midaoui, 2022).**

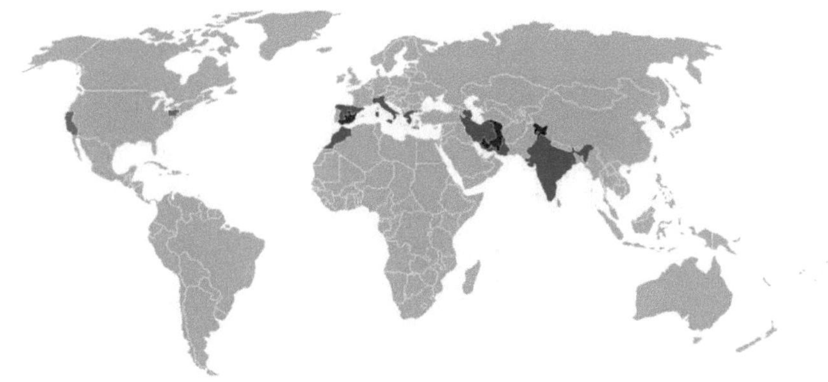

■ Principais países produtores de açafrão

■ Outros países com produção limitada de açafrão

Figura 03. Os principais países produtores de açafrão do mundo.

3.2 Na Argélia

Após um período de prospeção durante 2013-2014 em várias regiões áridas e semi-áridas dos distritos de Biskra e Batna (Argélia: Fig. 3).

Foi efectuado um inquérito em cinco oásis sobre o conhecimento e a aceitação da cultura do açafrão. Com base nos resultados do inquérito, foram escolhidos 5 locais no sopé do Aurès, a nordeste de Biskra (Fig. 3), com base nas suas altitudes e na aceitação da cultura do açafrão (Crocus sativus L.), tendo sido semeado um número médio de 30 rebentos (1,5 a 2,5 cm de diâmetro) em parcelas de 9 m2 em cada local.

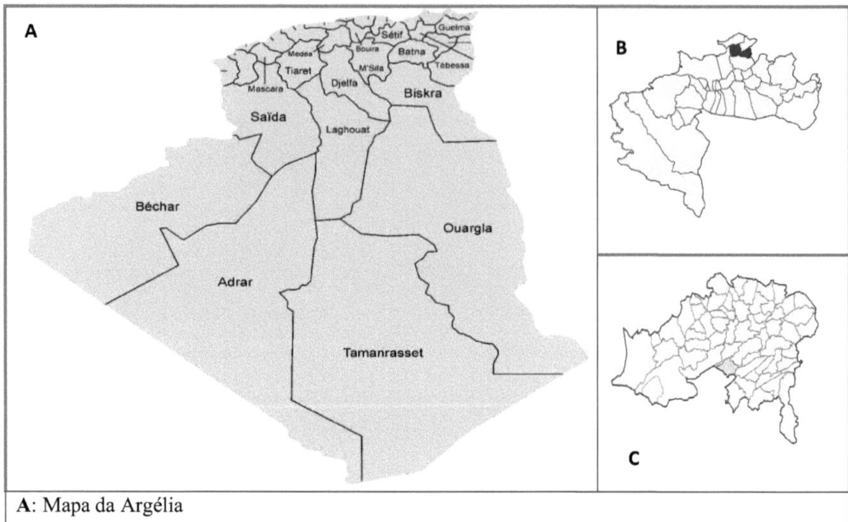

A: Mapa da Argélia

B: Mapa do distrito de Biskra (Ain Zaatout, Djemorah, Beni Souik, Branis)

C: Mapa do distrito de Batna (Maafa)

Figura 04: Locais de cultivo experimental *de Crocus sativus L* **(www. worldweatheronline.com).**

- o sítio de Ain Zaatout, com a altitude mais elevada (831 m), registou a floração mais precoce. E é provável que o açafrão do local com melhor qualidade, uma vez que a altitude é um fator determinante na qualidade dos principais metabolitos (crocina, picrocrocina e safranal), com um efeito positivo particularmente no teor de crocina **(Behdani, 2011 ; Bengouga et al., 2020).**
- os sítios de Beni Souik e Djemorah apresentaram datas de floração mais precoces do que o sítio de Maafa, embora este último tenha uma altitude mais elevada; isto pode ser atribuído à baixa temperatura registada nos oásis de Maafa (11°C) durante novembro de 2014, em comparação com os dois oásis de Beni Souik e Djemorah, que registaram a temperatura média adequada (17°C) durante novembro de 2014 **(; Behdani, 2011; Bengouga et al., 2020).**

Quadro 01: Rendimentos de açafrão em diferentes locais **(Bengouga et al., 2020).**

Sítio Web	Data de floração	número de rebentos	número de flores	%
Ain Zaatout	10/11/2014	30	15	50
Beni Souik	14/11/2014	30	2	6.66
Branis	23/11/2015	30	2	6.66
Djemorah	11/11/2014	30	3	10
Maafa	24/11/2014	30	1	3.33
Total	/	150	23	15.33

4. Técnicas agronómicas de cultivo :

4.1. Plantação no solo :

- O açafrão cresce em diferentes tipos de solo, mas geralmente prefere um solo com um pH que varia de neutro a ligeiramente alcalino, solto e bem drenado para evitar o ataque da podridão do cormo **(Gresta et al, 2008a; Cardone, 2020).**
- As plantas de açafrão favorecem um clima temperado, seco e com dias de sol, sendo a temperatura óptima de cerca de 17°C ou ligeiramente superior, mas inferior a 20°C **(Molina et al, 2010 ; Cardone, 2020).**
- **(Kafi et al, 2018 ; Cardone, 2020)** referiu que a melhor altura para semear os cormos é a partir da última semana de agosto até meados de setembro.
- A plantação é geralmente efectuada à mão ou com a mesma maquinaria utilizada para a batata ou a cebola e, consoante a duração do ciclo da cultura, é anual ou plurianual **(Branca e Argento, 2010; Cardone, 2020).**
- O solo é lavrado a uma profundidade de 25-30 cm no inverno, antes de ser plantado em agosto. A plantação é efectuada em quatro linhas por parcela, a uma profundidade de 10-15cm, com um espaçamento de 10-15cm entre os cormos e de 20-25cm entre linhas (**Tammaro, 1999 ;Cardone, 2020).**
- Os rendimentos obtidos na estufa e nas câmaras de crescimento foram duplicados (22,5 kg ha-1) em comparação com o cultivo tradicional no campo (10 kg ha-1) **(Souret e Weathers, 2000 ; Cardone, 2020).**

Figura 05: plantação por sulcos **[Plombières, agosto de 2012].**

4.2 Fertilização :

- a aplicação de vermicomposto (10,2t ha-1) aumentou significativamente o número, o peso e os teores de N e P de cormos filhos médios e grandes por planta do que o fertilizante mineral **(Husaini, 2014 ; Cardone, 2020).**
- Para evitar o uso maciço de fertilizantes minerais e a alteração do solo, a rotação de culturas com a fava pode ser adoptada para aumentar o rendimento do estigma, o peso e o número de cormos de substituição **(Gresta, 2016 ;Cardone, 2020).**

4.3 Irrigação :

- O açafrão tem uma baixa necessidade de água em comparação com outras culturas devido à sua resistência à seca e à sua fase de dormência (de maio a agosto), que não necessita de irrigação **(Kafi et al., 2006 ; Cardone, 2020).**
- Os três principais métodos de irrigação utilizados são a superfície, aspersão / gotejamento / micro, e são escolhidos de acordo com as condições climáticas e o tipo de solo **(Gresta et al., 2008b ; Cardone, 2020).**
- A gestão da irrigação para o açafrão consiste em seis aplicações **(Yarami et al., 2011 ;Cardone, 2020):**
    - o firme em pleno verão para induzir a floração.
    - a segunda no início de outubro, para facilitar a colheita.
    - o terceiro em novembro, após o desabrochar das flores e o aparecimento das folhas.
    - a quarta no final de dezembro/início de janeiro, após a monda e a fertilização.
    - o quinto no início de março.
    - o sexto, no início de abril, para completar o crescimento dos rebentos.

4.4. Colheita das flores e dos rebentos :

- As flores fechadas são colhidas à mão nas primeiras horas da manhã, a fim de obter uma especiaria com caraterísticas de alta qualidade e de assegurar uma maior resistência aos processos degenerativos dos órgãos florais **(Erden e Özel, 2016 ; Cardone, 2020).**
- A colheita pode também ser efectuada por uma máquina ou por um sistema mecânico **(Ruggiu e Manuello, 2006 ; Cardone, 2020).**
- Para além da flor, são também colhidos os cormos. Em junho e julho, os cormos são levantados, limpos, classificados segundo o tamanho, selecionados, desinfectados com oxicloreto de cobre ou com uma solução de procloraz e depois plantados (**Molina et al., 2005 ; Cardone, 2020).**

Figura 06: Colheita das flores e dos cormos **(Plombières, 2013).**

5. Produção de açafrão: fases de secagem e de armazenagem

- **Secagem**

- Após a colheita, segue-se a "mondatura", uma fase muito delicada e laboriosa que consiste em abrir a flor e cortar o estigma na base dos três filamentos e retirar a parte branco-amarela do estilo sem os separar (**Kumar et al, 2009 ; Cardone, 2020).**
- Segue-se a secagem, durante a qual os estigmas perdem cerca de 80% do seu peso inicial **(Priscila del Campo et al., 2010; Cardone, 2020).**
- A secagem é a etapa crítica e é definida como a redução do teor de água da planta, com o objetivo de impedir a atividade enzimática e microbiana e preservar a especiaria para prolongar o seu prazo de validade **(Rocha et al., 2011 ; Cardone, 2020).**
- os estigmas são colocados em peneiras de seda e secos durante 12-24 horas numa sala escura a uma temperatura inicial controlada de 20°C, depois aumentada para 30-35°C **(Kumar et al., 2009; Cardone, 2020).**

Figura 07: poda (recuperação dos estigmas) e secagem dos estigmas **(Plombières, 2013).**

- **Armazenamento**

Como o açafrão é muito higroscópico, deve ser armazenado após a secagem num local seco para evitar a humidade, que faz com que perca o seu aroma e se torne preto. Idealmente, os estigmas devem ser colocados num frasco de vidro fechado com uma rolha para impedir a passagem do oxigénio e evitar assim a oxidação (**Chahine, 2014 ; Cardone, 2020).**

Figura 08: produção de açafrão **(Plombières, novembro de 2013)**

6. Propriedades e utilizações do açafrão

- **Efeitos hipolipidémicos e cardioprotectores**

A administração oral de um extrato aquoso de estigmas de açafrão em ratos com uma dieta rica em gordura diminuiu significativamente a carga da lesão aterosclerótica, aumentou as células musculares lisas vasculares e diminuiu o conteúdo de macrófagos nas placas ateroscleróticas **(Christodoulou et al., 2018; Mohtashami, 2021).**

- **Efeitos hipoglicémicos**

Vários extractos de C. sativus demonstraram uma atividade antidiabética significativa em modelos animais. Este efeito foi principalmente mediado pela redução dos níveis de glucose no sangue, aumentando a insulina sérica e revertendo os danos nas ilhotas pancreáticas **(Mohajeri et al., 2009; Mohtashami, 2021).**

- **Efeitos anti-inflamatórios**

O açafrão, a crocina e a crocetina demonstraram uma atividade anti-inflamatória notável numa variedade de condições inflamatórias. Por exemplo, a suplementação com açafrão pode reduzir o número de articulações inchadas e sensíveis, a intensidade da dor, a taxa de sedimentação de eritrócitos (ESR), a proteína C reactiva, o TNF-α, o IFN-γ e o MDA em doentes com artrite reumatoide **(Hamidi et al., 2020; Mohtashami, 2021)**.

- **Efeitos anti-cancerígenos**

Os efeitos anticancerígenos do açafrão e dos seus componentes podem ser mediados pelo aumento da expressão genética da proteína tumoral P53 (p53) epelo desencadeamento da apoptose devido ao aumento dos rácios dos reguladores da apoptose, como o Bax/Bcl-2 **(Bathaie et al., 2013; Mohtashami, 2021).**

- **Efeitos oculares**

Avicena mencionou no seu livro que um colírio contendo açafrão pode melhorar a visão, o lacrimejar excessivo e a cianose do olho causada por conjuntivite glandular, blefarite e úlceras oculares. Afirmou também que o açafrão melhora a visão e a cegueira nocturna **(Ibn Sina, 2015; Mohtashami, 2021).**

- **Efeitos neuroprotectores**

O pré-tratamento de células PC12 com safranal pode proteger contra a lesão de isquemia/reperfusão, diminuindo o stress oxidativo induzido por OGD, a apoptose, a atividade da Caspase 3 e a relação Bax/Bcl-2 **(Mohtashami, 2021; Forouzanfar et al., 2021).**

Além disso, o consumo de açafrão após o início do AVC isquémico poderia reduzir a gravidade do AVC nos doentes **(Gudarzi, 2020 ; Mohtashami, 2021).**

os resultados de um estudo de meta-análise indicaram que o açafrão pode melhorar a cognição e as actividades da vida quotidiana em pacientes com défice cognitivo ligeiro e doença de Alzheimer **(Ayati et al., 2020 ; Mohtashami, 2021).**

7. Biotecnologias e cultura *in vitro* do açafrão

A taxa de propagação natural da maioria dos geófitos, incluindo o açafrão, é relativamente baixa. Para além dos métodos de propagação convencionais, as abordagens biotecnológicas, como os métodos de cultivo in vitro, dão um contributo importante para a propagação de muitas plantas importantes e económicas **(Parray, 2012; Yasmin e Nehvi, 2013).**

No presente estudo, foi efectuado um protocolo completo para a produção de cormos do tamanho desejado, seguido da indução do crescimento vegetativo e da floração em estufa **(Parray, 2012; Javid A et al., 2012).**

Materiais e métodos

- **material vegetal :**

Os rebentos *de Crocus sativus L* foram colhidos e cuidadosamente lavados com :

1. Detergente extra (0,5%) e Tween20 (tensioativo).
2. enxaguar com água bidestilada.
3. desinfeção da superfície com etanol a 70% durante 1 min, seguido de HgCl2 a 0,5% (p/v) durante 6 min.
4. lavar cinco vezes com água bidestilada esterilizada.

- **meios de cultura :**

- Foi preparado um meio basal MS23 suplementado com diferentes concentrações de sacarose (Hi-media), ágar Difco Bacto e diferentes concentrações de reguladores de crescimento de plantas (PGRs; Hi-media).
- O pH foi ajustado para 5,6-5,8 com HCl 1 N ou NaOH 1 N e finalmente distribuído em frascos Erlenmeyer de 100 ml (vidro de borossilicato) tapados com algodão absorvente não absorvente.
- Os meios foram esterilizados numa autoclave durante 15 min a 121°C e as culturas foram incubadas a 25 ± 2°C sob um fotoperíodo de 16 h, iluminadas por tubos fluorescentes brancos frios, com uma irradiância de 100 µmol m-2s1.
- Os experimentos foram realizados em um delineamento de blocos completamente casualizados (CRD), repetidos três vezes; cada tratamento tinha 10 repetições.
- As montagens experimentais foram concebidas da seguinte forma:

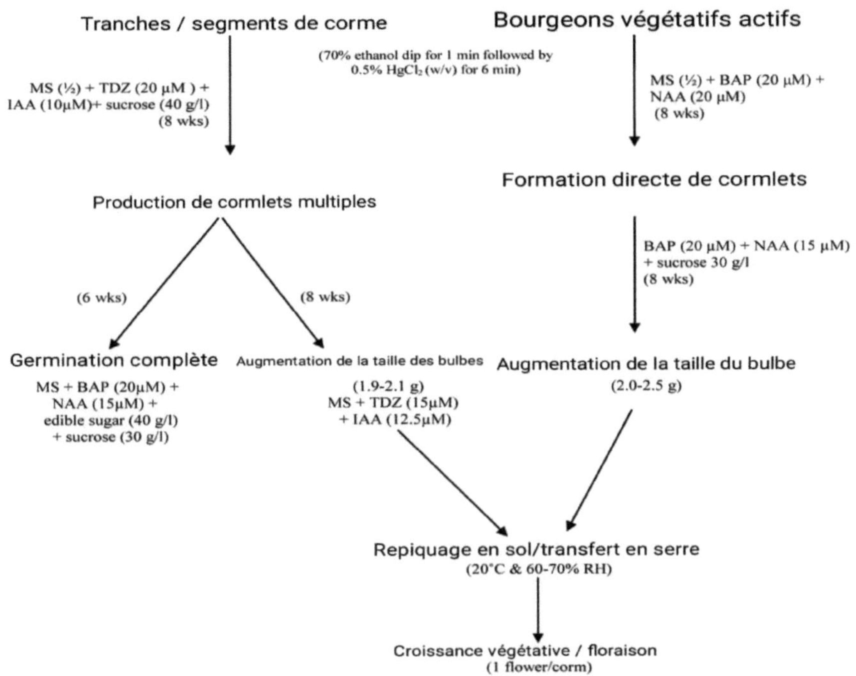

Figura 09: Diagrama de fluxo para o desenvolvimento completo do cormo in vitro e floração em estufa **(Parray, 2012).**

- **produção de rebentos**

Os cormos podem ser induzidos a partir de cortes de cormos em todos os tratamentos pelo modo de calo não embriogénico, tendo sido obtido o maior número de cormos (70 ± 0,33) em meio MS (1/2) suplementado com TDZ (20 µM) + IAA (10 µM) + sacarose (40 g/l) após 8 semanas (figura 2a). O TDZ revelou-se eficaz na indução e produção de rebentos.

- **Germinação de cormos cultivados in vitro**

Os cormos criados in vitro em meio MS (1/2) suplementado com várias fito-hormonas (BAP/NAA, 2, 4-D/Kn e TDZ/IAA) mostraram uma resposta variável à germinação.

A germinação máxima dos cormos (90%) foi observada com BAP (20 µM) e NAA (15 µM) (Fig. 12B). O melhor meio quando foi utilizado carvão ativado mostrou 80% de germinação em MS + BAP (5 µM) + NAA (3 µM) + 0,5 mg/l de carvão ativado (Fig. 12c).

O NAA e o BAP são uma combinação adequada para apoiar a organogénese em *C. sativus18* e a formação de rebentos a partir de gemas de cormo.

- **Aumento do tamanho dos rebentos**

Os cormos cultivados in vitro e subcultivados em meio atingiram um peso máximo de cormo de 2,5 g ou mais em TDZ (15 µM) + IAA (12,5 µM) + sacarose 30 g/l com uma taxa de sucesso de 60% (figura 12e).

No caso dos gomos apicais (obtidos de cormos em crescimento ativo), o aumento máximo do tamanho do cormo foi obtido sob NAA (15 µM) + BAP (20 µM) + sacarose (30 g/l) após 8 semanas de período de cultura (Fig. 12F).

- **Crescimento de cormos em condições de estufa.**

Os cormos não floresceram, e os que tinham um peso médio de 1,5 g apenas apresentaram crescimento vegetativo (25%) (Figs. 12G-h-i).

O BAP/NAA foi eficaz para a formação de cormos e subsequente aumento de tamanho, bem como para o crescimento em condições de estufa.

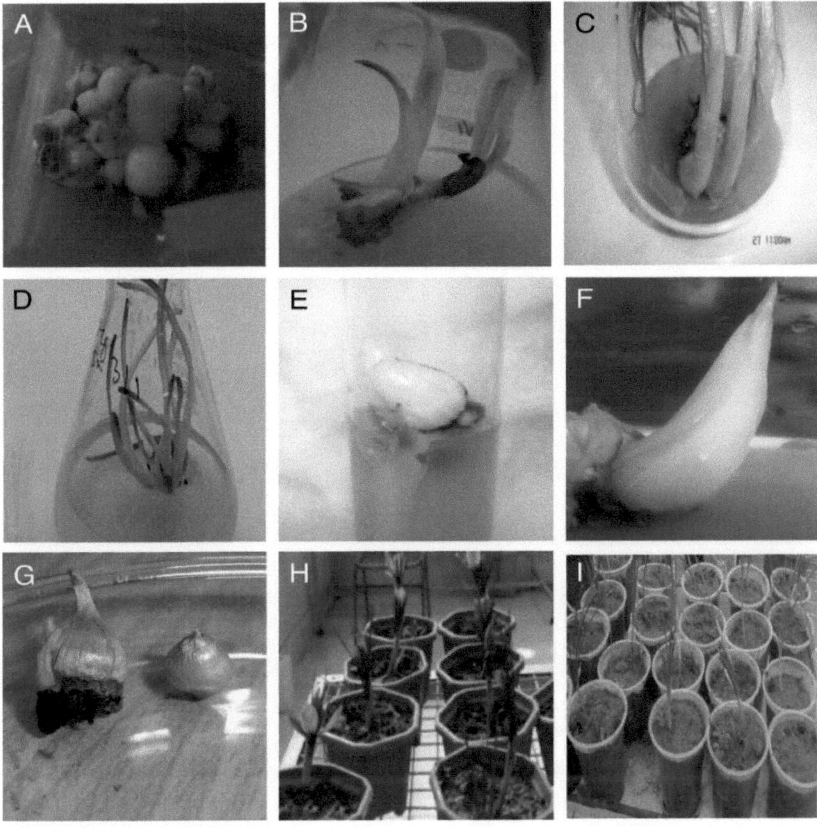

(A) Múltiplos rebentos em Ms (1/2)- TDZ (20 μM) + IAA (15 μM) + 4% de sacarose.

(B) Germinação de cormos em Ms+ BAp (20 μM) + NAA (15 μM).

(C) Germinação de cormos em Ms + BAp (5 μM) + NAA (3 μM) + 0,5 mg/l de carvão ativado.

(D) Germinação de cormos em Ms +TDZ (20 μM) + IAA (10 μM).

(e) Aumento de tamanho em Ms + TDZ (15 μM) + NAA (12,5μM +3% sacarose).

(F) Aumento de tamanho em Ms + BAp (20 μM) + NAA (15 μM +3% sacarose).

(G) Cormos secos.

(h) Floração em estufa.

(I) Crescimento vegetativo em condições de estufa.

Figura 10: Desenvolvimento in vitro de cormos e floração interna de *Crocus sativus L* **(Parray, 2012).**

Capítulo II

Principais compostos bioactivos do açafrão

1. Composição química do açafrão

Durante o processo de secagem, os filamentos de açafrão sofrem um certo número de reacções químicas que reorganizam e concentram todos os compostos activos, ou seja, mais de 150 compostos voláteis (terpenos, aldeídos) e aromáticos. O açafrão possui igualmente vários compostos não voláteis, sendo os principais os carotenóides.

Dada a sua vasta gama de utilizações médicas, o açafrão tem sido objeto de extensos estudos fitoquímicos e bioquímicos, tendo sido isolada uma variedade de ingredientes biologicamente activos **(Melnyk et al., 2010).**

Quadro 02: Composição nutricional do açafrão **(Melnyk et al., 2010).**

1. composição geral	Quantidade
Água	9 à 14%
Água Hidratos de carbono	12 à 15%
Celulose	4 à 7%
Polipéptidos	11 à 13 %
Lípidos	3 à 8 %
Materiais minerais	1 à 1.5 %
Vitaminas - B2 ou riboflavina - B1 ou tiamina	 - 56,4 a 138 µg/g - 4,0 a 0,9 µg/g

2. composição mineral	Quantidade
magnésia	0,87 g
sulfato de cal	0,74 g
silicato de cal	0,3 g
silicato de potássio	1,94 g
carbonato de potássio	2,46 g
vestígios de cloreto de sódio, alumina, vestígios de ferro, azoto.	2,10 g

2) Composição orgânica:

❖ **crocetina:**

Pigmento carotenoide responsável pela cor amarelo-alaranjada da especiaria, constituem aproximadamente 6-16% do total de sólidos do açafrão **(Shahi et al. 2016 ;Kothari, 2021).**

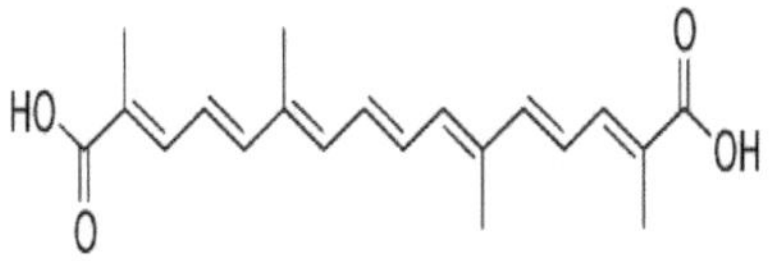

Figura 13: Estrutura molecular da crocetina **(Kothari, 2021)**

❖ **Crocina:**

Pertence à família dos C20-carotenóides, é vermelho e solúvel em água. É o metabolito biologicamente ativo do açafrão, responsável pela sua cor. De facto, a principal aplicação do açafrão relativamente às suas propriedades antioxidantes e antitumorais, provém essencialmente da crocina (**Samarghandian e Borji 2014 ; Kothari, 2021).**

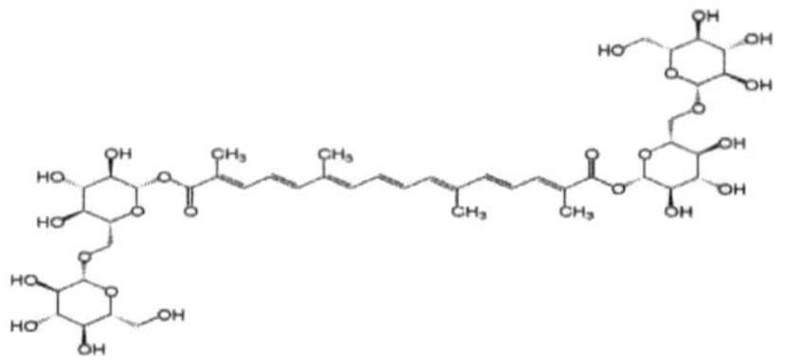

Figura 11: Estrutura molecular da crocina **(Kothari, 2021)**

❖ **picrocrocina:**

Dando ao açafrão o seu sabor e gosto amargo, é o segundo composto mais importante em massa, representando 1 a 13% da matéria seca do açafrão, é um glicosídeo inodoro e incolor **(Kabiri et al. 2017; Kothari, 2021).**

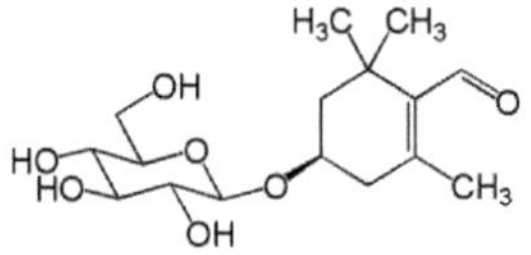

Figura 12: Estrutura molecular da picrocrocina **(Kothari, 2021)**

❖ **safranal** :

O safranal é um composto volátil responsável pelo aroma e odor caraterísticos do açafrão. Trata-se de uma molécula orgânica sob a forma de um óleo essencial volátil. O safranal é um produto de hidrólise da picrocrocina **(Shahi T, 2016 ; Kothari, 2021).**

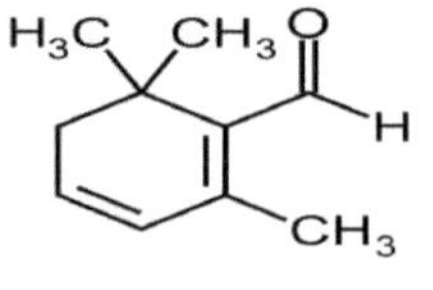

Figura 14: Estrutura molecular do safranal **(Kothari, 2021)**

- **Ácidos fenólicos :**

Os ácidos fenólicos são metabolitos secundários de plantas aromáticas amplamente distribuídos pelo reino vegetal, podendo ser divididos em dois grupos principais, os ácidos hidroxibenzóico e hidroxicinâmico **(Saxena et al., 2012).**

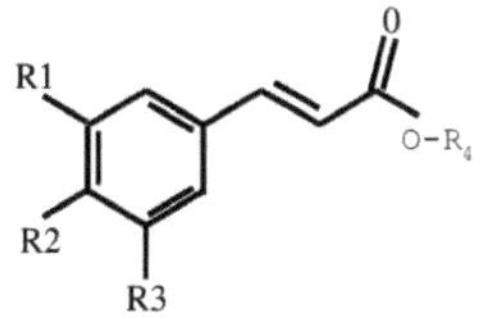

R1 = R2 = R3 = R4 = H : acide cinnamique (non phénolique)
R1 = R3 = R4 = H, R2 = OH : acide *p*-coumarique
R1 = R2 = OH, R3 = R4 = H : acide caféique
R1 = OCH_3, R2 = OH, R3 = R4 = H : acide férulique
R1 = R3 = OCH_3, R2 = OH, R4 = H : acide sinapique
R1 = R2 = OH, R3 = H, R4 = acide quinique : acide chlorogénique

Ácidos hidroxibenzóicos

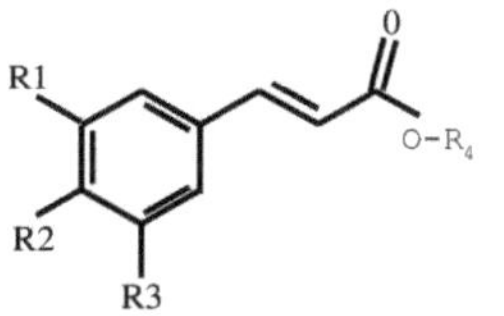

R1 = R2 = R3 = R4 = H : acide cinnamique (non phénolique)
R1 = R3 = R4 = H, R2 = OH : acide *p*-coumarique
R1 = R2 = OH, R3 = R4 = H : acide caféique
R1 = OCH_3, R2 = OH, R3 = R4 = H : acide férulique
R1 = R3 = OCH_3, R2 = OH, R4 = H : acide sinapique
R1 = R2 = OH, R3 = H, R4 = acide quinique : acide chlorogénique

Ácidos hidroxicinâmicos

Figura 15: Os principais ácidos fenólicos **(Macheix et al, 2005).**

- **Flavonóides :**

Os flavonóides (do latim flavus, amarelo) são substâncias geralmente coloridas que se encontram nas plantas; estão dissolvidos no vacúolo como heterósidos ou como constituintes de plastídeos específicos, os cromoplastos **(Guignard, 2000).**

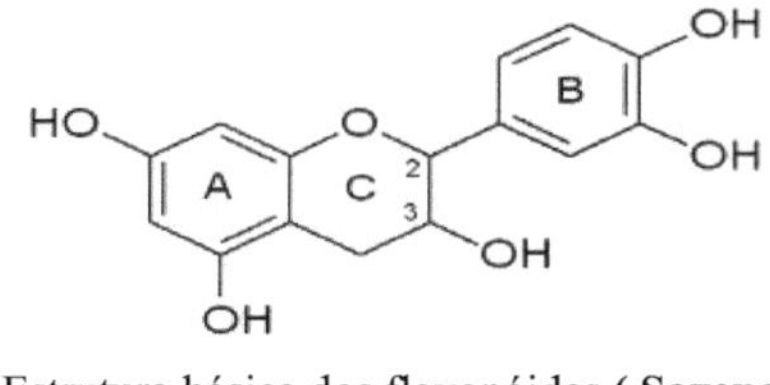

Figura 16: Estrutura básica dos flavonóides **(Saxena et al,2012).**

- **Taninos :**

Tanino" é um nome descritivo geral para um grupo de substâncias fenólicas poliméricas capazes de curtir o couro ou de precipitar a solução de gelatina, semelhante à afinidade **(Cowan, 1999).** Os taninos são geralmente definidos como substâncias polifenólicas solúveis em água (20-35°C) e com uma capacidade de ligação proteica que forma complexos tanino-proteína insolúveis ou solúveis **(Hassanpour et al, 2011).**

Nas plantas superiores, distinguimos normalmente dois grupos de taninos que diferem tanto na estrutura como na origem biogénica:

- **Taninos hidrolisáveis :**

Os HTs (galotaninos e elagitaninos) são moléculas que contêm um hidrato de carbono, geralmente D-glucose, como núcleo central. Podem ser degradados por hidrólise química (alcalina ou ácida) ou enzimática **(Hassanpour et al, 2011).**

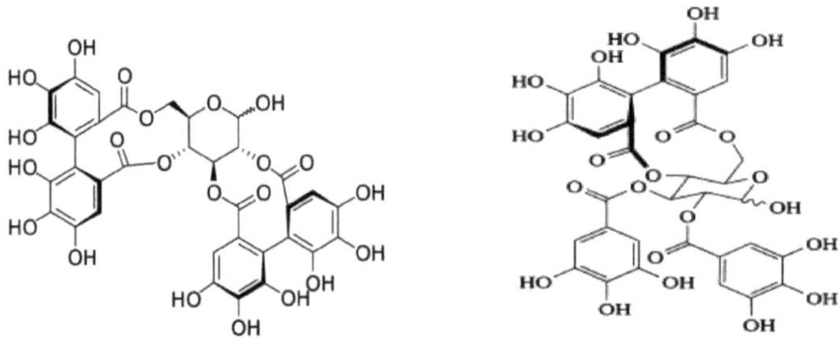

Galotaninos Elagitaninos

Figura 17: Dois exemplos de taninos hidrolisáveis (**Saxena et al,2012).**

- **Taninos condensados :**

Taninos condensados: também conhecidos como proantocianidinas, são amplamente utilizados na alimentação humana. Estes taninos são oligómeros ou polímeros de flavan-3-ol que têm a propriedade de libertar antocianinas num meio ácido quente através da quebra da ligação intermonomérica **(Hassanpour et al, 2011).**

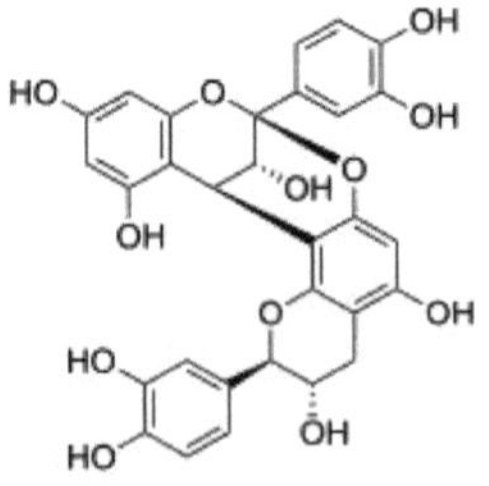

Figura 18: Taninos condensados (R= H, OH) **(Saxena et al, 2012).**

Capítulo III

Actividades biológicas e ensaios de compostos bioquímicos

Atividade antioxidante :

Uma revisão da literatura revelou que mais de 100 compostos bioactivos foram isolados do estigma do açafrão (Adil et al., 2020). O ácido gálico e o pirogalol, como compostos bioactivos presentes no estigma do açafrão, contribuíram para a sua atividade antioxidante. Sugere-se que o estigma do açafrão, para além de ser um corante, poderia desempenhar um papel como fonte antioxidante, o que poderia melhorar a qualidade dos produtos nas indústrias de alimentos funcionais, bebidas, produtos farmacêuticos e cosmecêuticos. Os flavonóides são uma classe de compostos naturais com diferentes estruturas fenólicas presentes nas plantas, são essenciais devido a várias capacidades de atuação como antioxidantes. No presente estudo, foi investigada a atividade de eliminação do radical DPPH de um produto natural com propriedades biológicas, um extrato de Crocus sativus L. (açafrão), cultivado em Crocos, Kozani (Grécia), e alguns dos seus constituintes bioactivos (crocina, safranal). Um extrato metanólico de Crocus sativus L. demonstrou ter uma elevada atividade antioxidante, apesar de conter vários componentes activos e inactivos.

Estudos recentes demonstraram que os compostos fenólicos têm um possível papel protetor contra as doenças oxidativas. Os compostos fenólicos transferem hidrogénio para os radicais livres para evitar a reação inicial da cadeia de oxidação lipídica. A capacidade dos compostos fenólicos para eliminar os radicais deve-se aos efeitos dos seus grupos hidroxilo fenólicos. A análise farmacológica do açafrão, do estigma e das pétalas revelou uma vasta gama de actividades biológicas, como a atividade antioxidante. O teor total de fenóis e flavonóides mostrou que o estigma de Crocus sativus L. possuía um teor mais elevado e, consequentemente, uma maior atividade antioxidante.

- DPPH e ABTS têm sido os testes mais especificais utilizados para avaliar o potencial de eliminação de radicais de diferentes compostos, uma vez que tem a capacidade de doar hidrogénio aos radicais livres.
- O mecanismo subjacente às suas propriedades de eliminação de radicais deve-se a uma combinação de flavonóides e ácidos fenólicos, a maioria dos quais são fracos por natureza e, por conseguinte, actuam como dadores de electrões competentes capazes de reagir com o O2 - depende inteiramente da substituição no anel fenólico.
- Os nossos resultados estão de acordo com o relatório anterior do Iliass, as pétalas *de C. sativus* apresentam uma atividade antioxidante inferior à do estigma, mas superior à do cormo com o aumento da concentração do extrato **(Baba et al, 2015).**

- De acordo com a análise espectroscópica FTIR de *C.sativus*, a presença de picos flavonoides, fenólicos, ésteres, aromáticos e alifáticos foi encontrada em todos os extratos, enquanto no SPE a presença de flavonoides e fenólicos é maior do que no SPD e SPE **(Lahmass et al, 2018).**

Mecanismos de ação dos antioxidantes

Os mecanismos de ação dos antioxidantes são diversos, incluindo a eliminação de oxigénio singular, a ativação de radicais por reação de adição covalente, a redução de radicais ou de peróxidos e a quelação de metais de transição.

Em função do seu modo de ação, os antioxidantes dividem-se em duas categorias:

- Sistema de defesa primário: como a catalase e o glutatião (GSH). Estes antioxidantes impedem a produção de ERO, limitando a fase de iniciação das reacções de oxidação. Por conseguinte, actuam de forma preventiva.

- Sistema de defesa secundário: os tocoferóis, por exemplo, são capazes de capturar diretamente os radicais oxidantes, actuando assim como "quebradores" antioxidantes da cadeia radicalar e bloqueando as reacções de propagação.

Atividade enzimática

Outro tipo de investigação sobre enzimas vegetais é o estudo de compartimentos subcelulares para a atividade dessas enzimas. Por exemplo, foi demonstrado no tomateiro que as enzimas do ciclo ascorbato-glutationa ascorbato peroxidase (APX), monodehidroascorbato redutase (DHAR), glutationa redutase (GR) e superóxido dismutase (SOD) estão presentes nos cloroplastos/plastídeos foliares, mitocôndrias e peroxissomas **(Karimi et al, 2010).**

Em geral, os sistemas de defesa enzimáticos são importantes para limitar os danos foto-oxidativos e destruir as espécies activas de oxigénio que são produzidas em excesso das normalmente necessárias para a transdução de sinais ou o metabolismo. Além disso, este sistema desempenha um papel crucial na regulação da organogénese, embriogénese somática e rizogénese em plantas, o que é mais fácil de estudar *in vitro* **(Duangjai et al, 2018).**

Atividade antimicrobiana

Os extractos de pétalas revelaram-se mais eficazes na concentração mais baixa contra estirpes bacterianas patogénicas. P.aeruginosa e S.aureus foram inibidas na concentração inibitória mais baixa de 15,63 µg/mL. No entanto, os extractos de pétalas não foram muito eficazes na inibição do crescimento de E. coli e C. albicans a uma concentração mais baixa. Esta variação na atividade antimicrobiana dos extractos de pétalas de açafrão entre estudos pode possivelmente dever-se à variação na composição fenólica e concentrações nos extractos utilizados (**Cenci-Goga et al, 2018).**

Os solventes altamente polares, como o álcool, demonstraram efeitos antimicrobianos significativos contra diferentes bactérias e fungos **(Eleni et al, 2017).**

Tabela 06.

	Extração e dosagem	Referências
Lípidos	-Os níveis de proteínas foram determinados pelo método de Bradford, um método rápido e sensível para a quantificação de quantidades de microgramas de proteínas, utilizando o princípio da ligação proteína-corante. 1) Misturar 11 microgramas de extrato com um volume igual de tampão de amostra contendo 2,5 ml de tampão MTris-HCl 0,5 mM (pH 6,8), 4 ml de solução SDS 10%, 2 ml de glicerol, 0,5 ml de 2-mercaptoetanol e 1 ml de água destilada. 2) aquecidas a 100°C durante 3 minutos e depois carregadas em cada pista dos géis SDS-PAGE. O SDS-PAGE foi efectuado utilizando géis de percentagem única (12%). Após a eletroforese, os géis foram corados com Coomassie Brilliant Blue R250.	**(African Journal of Biotecnologia).**
Açúcares	Os hidratos de carbono estão naturalmente presentes no açafrão numa concentração 15% (w/w) composto principalmente por glucose e gentiobiose. 1) As amostras foram congeladas em azoto líquido, trituradas e homogeneizadas com um tampão de extração contendo 50 mMTris, 10 mM EDTA, 2 mM Mg SO4 e 20 mM DTT ou enzimas antioxidantes Cysteine Plant. 2) Organogénese in vitro de açafrão 373 Foi adicionado glicerol (10% v/v) para aumentar a viscosidade. 3) Verter o tampão de extração (1,5 ml) sobre 1 g de tecido. vertido sobre 1 g de tecido. 4) As amostras foram centrifugadas duas vezes durante 30 minutos a 4°C. 5) Os sobrenadantes foram recolhidos e armazenados a -70°C até à sua utilização.	**(Hassanein et al, 1999).**

Proteína	Os níveis de peroxidação lipídica (LP) foram determinados utilizando um kit de ensaio de hidroperóxidos lipídicos que mede as reacções redox com iões ferrosos : 1) Os hidroperóxidos são altamente instáveis e reagiram com o ião ferroso para produzir iões férricos. 2) Os iões resultantes são detectados utilizando o ião tiocianato como cromogénio. 3) Para evitar a sobrestimação dos hidroperóxidos lipídicos, estes devem ser extraídos das amostras em clorofórmio; 4) A absorvância de cada tubo é então medida a 500 nm.	**(Sharifi et al, 2012)**

Stress oxidativo

O stress oxidativo refere-se a uma perturbação do equilíbrio metabólico celular durante a qual a produção de oxidantes ultrapassa o sistema de defesa antioxidante, quer através de um aumento da produção de oxidantes, quer através de uma diminuição das defesas antioxidantes. Este desequilíbrio pode ter várias origens, incluindo a sobreprodução endógena de agentes pró-oxidantes de origem inflamatória, a deficiência nutricional de antioxidantes ou mesmo a exposição ambiental a factores pró-oxidantes (tabaco, álcool, drogas, raios gama, raios ultravioleta, herbicidas, ozono, amianto, metais tóxicos). A acumulação de espécies reactivas de oxigénio provoca o aparecimento de lesões celulares e tecidulares frequentemente irreversíveis, cujos alvos biológicos mais vulneráveis são as proteínas, os lípidos e o ácido desoxirribonucleico.

Determinação de compostos fenólicos

Os polifenóis são constituídos por mais de 8.000 estruturas que foram registadas e estão amplamente dispersas pelo reino vegetal. Encontram-se em plantas desde as raízes até aos frutos. Os compostos fenólicos constituem uma das principais classes de metabolitos secundários (Tapas et al., 2008), o que significa que não exercem funções diretas nas actividades fundamentais do organismo vegetal, como o crescimento ou a reprodução.
Estão envolvidos em numerosos processos fisiológicos, como o crescimento celular, a rizogénese, a germinação de sementes e o amadurecimento dos frutos. Como moléculas

biologicamente activas, são amplamente utilizadas na terapêutica como vasoconstritores, anti-inflamatórios, inibidores de enzimas, antioxidantes e antimicrobianos.

O termo "compostos fenólicos" é utilizado para qualquer substância química com um anel aromático na sua estrutura, com um ou mais grupos hidroxilo. Os polifenóis são produtos da condensação de moléculas de acetil-coenzima A e de fenilalanina. Esta biossíntese conduziu à formação de uma grande variedade de moléculas específicas de uma espécie vegetal, de um órgão ou de um tecido.

A estrutura dos compostos fenólicos naturais varia desde moléculas simples (ácidos fenólicos simples) até às moléculas mais polimerizadas (taninos condensados).

Biossíntese de compostos fenólicos

Os compostos fenólicos são um grupo importante de metabolitos secundários. A maior parte das moléculas fenólicas são formadas a partir de dois aminoácidos aromáticos, a tirosina e a fenilalanina. Estes aminoácidos são formados de diferentes maneiras em diferentes plantas, a partir da via do ácido chiquímico. Os polifenóis são biossintetizados através de duas vias principais:

A via do ácido chiquímico

Nesta via, o 4-fosfato de eritrose e o piruvato de fosfoenol são produzidos, respetivamente, pelos hidratos de carbono durante a sua degradação pelas vias das pentoses fosfato e da glicólise. Estes últimos estão na origem dos compostos fenólicos (C6-C1) que formam os taninos hidrolisáveis e a chalcona, a molécula de base de todos os flavonóides e taninos condensados. A tirosina e a fenilalanina provêm igualmente desta via metabólica. São intermediários metabólicos entre o ácido chiquímico e o ácido cinâmico.

Via do ácido malónico

A glicólise e a β-oxidação conduzem à formação de acetil-CoA que produz malonato. É através desta via que ocorre a ciclização das cadeias de policetonas, obtidas por condensação repetida de unidades de "Acetato", por carboxilação do acetil-CoA. Esta reação é catalisada pela enzima acetil-CoA carboxilase.

Determinação dos polifenóis totais :

Curvas de calibração: A curva de calibração é gerada utilizando uma solução padrão de ácido gálico em diferentes concentrações. A fórmula de regressão linear para esta curva é (y = 0,004x + 0,245) com um coeficiente de correlação R2 = 0,950 (figura 13).

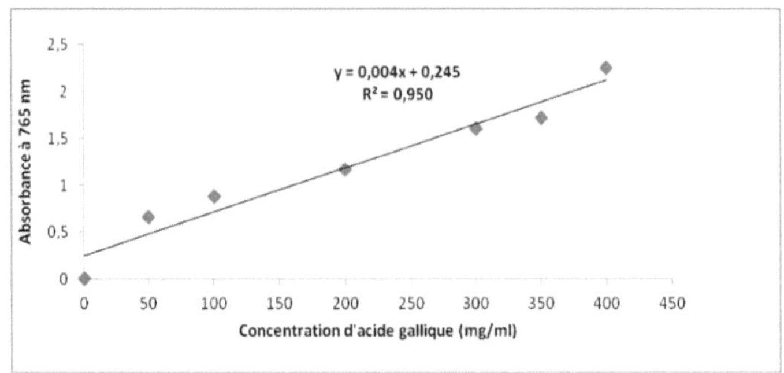

Figura 13: Curva de calibração do ácido gálico para determinação dos polifenóis

Os extractos hidroalcoólicos foram analisados quantitativamente por espetrofotómetro quanto ao teor de polifenóis totais, utilizando o método de Folin-Ciocalteu. Os resultados obtidos são expressos em microgramas equivalentes de ácido gálico (µg EAG) por miligrama de matéria seca, utilizando as equações de regressão linear da curva de calibração (Figura 13).

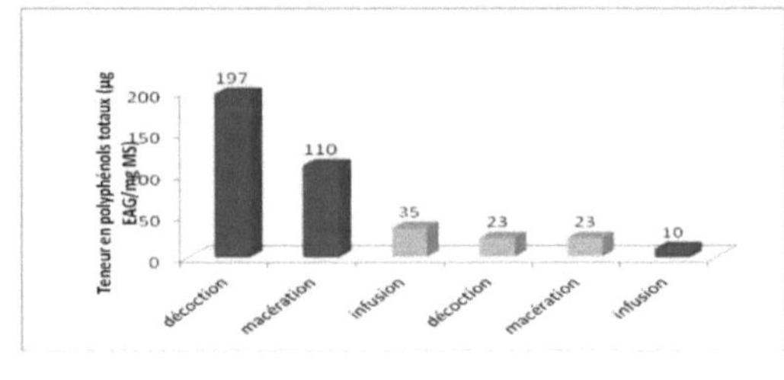

O estigma de *Crocus sativus* A flor de *Crocus sativus*

Figura 14: Teor de polifenóis totais nos três extractos obtidos por infusão, maceração e decocção.

- A partir dos resultados seguintes, verificámos que todos os extractos preparados contêm compostos fenólicos, mas em concentrações muito variáveis.
- O extrato preparado por decocção e maceração do estigma de crocus sativus tem a concentração mais elevada de fenóis totais (197 µg EAG/mg E, 110 µg EAG/mg E, respetivamente). No entanto, o extrato preparado por infusão tem um teor inferior (10 EAG/mg E) em comparação com as pétalas (35 EAG/mg E).

- Ao contrário dos extractos preparados por maceração ou decocção das pétalas de açafrão, que têm o mesmo teor (23 µg EAG/mg E) e são também inferiores aos do estigma *de Crocus sativus* **(Wali et al, 2020).**

Ensaio de flavonóides

Os flavonóides foram determinados pelo método espetrofotométrico do cloreto de alumínio (AlCl3). Os resultados obtidos para os flavonóides totais são expressos em µg de equivalente de catequina por mg de matéria seca (µg CE/mg MS) e baseiam-se na fórmula de regressão de (y=0,003x + 0,020) com um coeficiente de determinação (R2 =0,991), da curva A= f ([Catequina]) (figura 15).

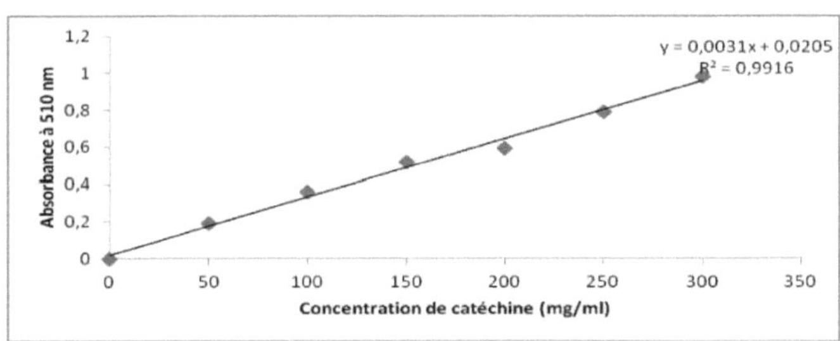

Figura 15: Curva de calibração da catequina para flavonóides.

Os teores de flavonóides da parte aérea de *Crocus sativus.L* são apresentados na figura seguinte:

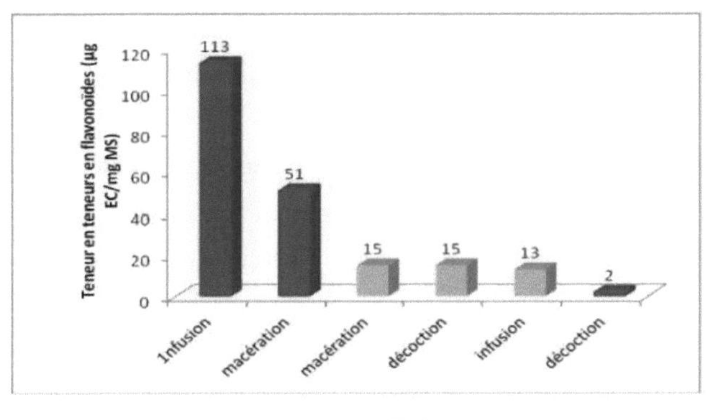

Estigma de Crocussativus Flor de Crocus sativus

Figura 16: Teor de flavonóides totais (µg CE/mg MS)

Os extractos de hidrometanol obtidos pelas três extracções: infusão e maceração de Crocus sativus. L apresentaram teores mais elevados de flavonóides totais, com concentrações da ordem de (113µg CE/mg MS,51µg CE/mg MS) respetivamente, exceto para o extrato preparado por decocção (2 µg CE/mg MS) em comparação com a flor (15 µg CE/mg MS) e o mesmo teor para o extrato obtido por maceração.

cujo conteúdo no extrato de infusão observámos ser (13µg EC/mg MS) (figura 16) **(Wali et al, 2020).**

Técnicas de cromatografia (HPLC) :

- Os fenólicos e flavonóides do açafrão foram medidos quantitativamente utilizando uma técnica de HPLC de fase inversa.
- Os compostos fenólicos padrão utilizados foram o ácido gálico, o ácido siríngico, o ácido vanílico, o ácido salicílico e o ácido cafeico.
- Os compostos flavonóides padrão foram a quercetina, a rutina, a miricetina, o kaempferol, a naringina, a apigenina, a genisteína, a daidzeína e o pirogalol.
- Uma alíquota do extrato da amostra foi carregada num cromatógrafo líquido de alta eficiência (HPLC).
- Os solventes utilizados foram a água desionizada e o acetonitrilo, tendo o pH da água sido ajustado para 2,5 com ácido trifluoroacético.
- Os compostos fenólicos e iso-flavonóides foram detectados a 280 nm, enquanto os compostos flavonóides foram detectados a 350 nm **(Crozier, 1997).**

Trabalhos anteriores sobre a extração e análise do açafrão

- A extração assistida por ultra-sons de compostos activos, aromas e especiarias a partir de material vegetal é uma aplicação muito bem sucedida, uma vez que a cavitação gerada pelos ultra-sons perturba as células vegetais e aumenta a transferência de massa para que o material intracelular fique disponível. Como resultado, obtém-se uma extração mais eficiente e rendimentos mais elevados **(Kadkhodaee et al, 2007).**
- Para a sua investigação, Kadkhodaee e Hemmati-Kakhki utilizaram o dispositivo ultrassónico Hielscher UP50H;

- Estudar as vantagens da irradiação ultra-sónica:
  - A mesma quantidade de açafrão (0,25 g de amostra) foi extraída por extração com água fria: uma amostra foi tratada com o aparelho de ultra-sons Hielscher.
  - A outra amostra foi submetida ao processo tradicional de extração com água fria recomendado pela ISO.

Como mencionado acima, com o método de extração por ultra-sons foi publicado um rendimento significativamente mais elevado de compostos de açafrão. Com o aumento do tempo de sonicação, foram obtidos rendimentos mais elevados, com uma melhoria de até 15% para o safranal no final do tempo de extração. Os melhores resultados foram obtidos com a sonicação pulsada.

Isto significa que os intervalos curtos de impulsos foram mais eficazes do que o tratamento ultrassónico contínuo, porque num campo ultrassónico pulsado, o tempo entre dois impulsos actua como uma pausa durante a qual as pequenas bolhas e as cavidades instáveis geradas pelo colapso das bolhas se dissolvem ou flutuam para fora da zona de cavitação, de modo a que as condições iniciais do líquido sejam restauradas.

Como a cavitação gerada por ultra-sons resulta em condições locais muito intensas, o tratamento por ultra-sons proporciona melhores resultados de extração através de uma rutura eficiente das células e de uma transferência de massa mais completa das partes internas da matriz celular. Além disso, a recuperação de fitoquímicos e produtos biofarmacêuticos do açafrão é uma aplicação promissora **(Kadkhodaee et al, 2007).**

Análises físico-químicas baseadas em normas iso

A análise laboratorial permite obter valores quantitativos de um açafrão, a partir dos quais se podem tirar conclusões cientificamente fundamentadas sobre certos aspectos da qualidade do açafrão, com base em 3 parâmetros (que conduzem a uma norma ISO). Na fotometria, os laboratórios analisam o açafrão tendo em conta os valores de :

- Crocina: este valor determina a intensidade da cor;
- Safranal: Este valor determina o aroma;
- Picrocrocina: este valor determina o amargor.

Estas noções tranquilizarão o comprador quanto ao facto de o seu Safran poder ser utilizado em maior ou menor quantidade para obter o mesmo resultado. Será, portanto, um dos factores determinantes do preço. Esta análise continua a ser científica, excluindo as noções de terroir que fazem com que um açafrão seja realmente diferente de outro, embora por vezes tenha os mesmos valores numéricos **(Evaluation et al, 2020).**

Conclusão

O açafrão tem um ciclo de vida particular que lhe permite ultrapassar a estação desfavorável (verão) através da fase de dormência, a sua esterilidade limita a aplicação de melhoramentos genéticos e, por conseguinte, as abordagens biotecnológicas, como a micropropagação, poderiam ser uma forma alternativa de aumentar a produção de cormos e melhorar a qualidade da especiaria.

O açafrão é cultivado em países como o Irão, a Índia, o Afeganistão, a Grécia, Marrocos, Espanha e Itália, utilizando uma variedade de técnicas agronómicas (plantação de cormos, fertilização e irrigação) e pós-colheita (secagem e armazenamento) que resultam em diferentes rendimentos de especiarias com caraterísticas de qualidade distintas e particulares, a produção de açafrão é uma importante fonte de rendimento para estes países.

O rico perfil fitoquímico do açafrão constitui uma abordagem promissora para a prevenção e o tratamento das doenças relacionadas com a idade, tendo reforçado ainda mais o interesse por esta planta medicinal. De facto, o açafrão e, em particular, as principais moléculas que o constituem (crocinas, crocetina, picrocrocina e safranal) exercem efeitos *benéficos* nas doenças neuropsiquiátricas comuns (depressão, ansiedade, esquizofrenia, etc.) e nas doenças relacionadas com a idade (cardiovasculares, oculares, neurodegenerativas e sarcopenia).

Verificou-se que os estigmas do açafrão possuem atividade antioxidante, o que faz do açafrão um produto natural promissor a este respeito. Diferentes solventes afectaram o conteúdo total de fenólicos e flavonóides dos extractos, levando à observação de diferentes eficiências antioxidantes. O ácido gálico e o pirogalol, compostos bioactivos presentes nos estigmas do açafrão, contribuíram para a sua atividade antioxidante. Sugere-se que os estigmas de açafrão, para além de serem um corante, possam desempenhar um papel como fonte antioxidante, o que poderia melhorar a qualidade dos produtos nas indústrias de alimentos funcionais, bebidas, farmacêutica e cosmética.

Referências

A

- Ayati, Z., Yang, G., Ayati, M.H., Emami, S.A., Chang, D., 2020. Açafrão para comprometimento cognitivo leve e demência: Uma revisão sistemática e meta-análise de ensaios clínicos randomizados. BMC Complement. Med. Ther. 20, 333.
- African Journal of Biotechnology Vol. 10(41), pp. 8093-8100, 3 de agosto de 2011 Disponível online em http://www.academicjournals.org/AJB).

B

- Baba, SA; Malik, AH; Wani, ZA; Mohiuddin, T.; Shah, Z.; Abbas, N.; Ashraf, N. Análise fitoquímica e atividade antioxidante de diferentes tipos de tecido de Crocus sativus e potencial de alívio do estresse oxidativo do extrato de açafrão em plantas, bactérias e leveduras. S. Afr. J. Bot. 2015, 99, 80-87.
- Bengouga, Khalila, et al. "Introdução ao cultivo de açafrão (L.) nos oásis montanhosos da Argélia". *Ata Horticulturae et Regiotecturae* 23.1 (2020): 8-11.
- BEHDANI, M. A. 2011. Açafrão (Crocus sativus L.). Em Future Crops, 2002, n.º 1, pp. 203-208.
- Branca, F., Argento, S., 2010. Avaliação do ciclo de crescimento plurianual do saffron no centro da Sicília. Ata Hort. 850, 153-158.
- Bathaie, S.Z., Miri, H., Mohagheghi, M.A., Mokhtari-Dizaji, M., Shahbazfar, A.A., Hasanzadeh, H., 2013. O extrato aquoso de açafrão inibe a progressão do cancro gástrico induzido quimicamente no rato albino Wistar. Irão. J. Basic Med. Sci. 16, 27-38.
- Bengouga, K., Lahmadi, S., Zeguerrou, R., Maaoui, M., & Halis, Y. (2020). A Introdução do Cultivo de Açafrão (L.) em Oásis Montanhosos da Argélia. *Ata Horticulturae et Regiotecturae*, *23*(1), 8-11.

C

- Cardone, Loriana, et al. "Açafrão (Crocus sativus L.), o rei das especiarias: Uma visão geral". *Scientia Horticulturae* 272 (2020): 109560.
- Chahine, N. (2014). Efeito protetor do açafrão contra a cardiotoxicidade da doxorrubicina em condições isquémicas (Dissertação de doutoramento, Reims).
- Christodoulou, E., Kadoglou, N.P.E., Stasinopoulou, M., Konstandi, O.A., Kenoutis, C., Kakazanis, Z.I., Rizakou, A., Kostomitsopoulos, N., Valsami, G., 2018. O extrato aquoso de Crocus sativus L. reduz a aterogénese, aumenta a estabilidade da placa aterosclerótica e melhora o controlo da glicose em animais ateroscleróticos diabéticos. Atherosclerosis 268, 207-214.
- Cowan, M. M. (1999). Produtos vegetais como agentes antimicrobianos. Clinicalmicrobiologyreviews, 12(4), 564-582.
- Crozier, A.; Lean, M.E.J.; Mc Donald, M.S.; Black, C. Quantitative analysis of the flavonoid content of commercial tomatoes, onions, lettuce and aipery. J. Agric. Food Chem. 1997, 45, 590-595.
- Cenci-Goga, B.; Torricelli, R.; Hosseinzadeh, G.Y. Actividades bactericidas in vitro de vários extractos de estigmas de açafrão (Crocus sativus L.) de Torbat-e Heydarieh, Gonabad e Khorasan, Irão. Microbiol. Res. 2018, 9.

D

- Duangjai, T.; Areeya, T.; Apinan, P.; Aujana, Y. Flavonóides e outros compostos fenólicos de plantas medicinais para fins farmacêuticos e médicos: Uma visão geral. Medicamentos 2018, 5, 93.

E

- Eleni, K.; Dimitra, D.; Spiros, P.; Konstantina, A.; Eleftherios, H.D.; Moschos, G.P. Crocus sativus L. tepals: A fonte natural de factores antioxidantes e antimicrobianos. J. Appl. Res. Med. Aromat. Plants 2017, 4, 66-74.

- El Midaoui, Adil, et al. "Açafrão (Crocus sativus L.): Uma fonte de nutrientes para a saúde e para o tratamento de doenças neuropsiquiátricas e relacionadas à idade. *Nutrientes* 14.3 (2022): 597.
- Erden, K., Özel, A., 2016. Influência do atraso da colheita no rendimento e alguns parâmetros de qualidade do açafrão (Crocus sativus L.). J. Agric. Biol. Sci. 11 (8), 313-316.

F

- Forouzanfar, F., Asadpour, E., Hosseinzadeh, H., Boroushaki, M.T., Adab, A., Dastpeiman, S.H., Sadeghnia, H.R., 2021. Safranal protege contra a lesão de células PC12 induzida por isquemia através da inibição do stress oxidativo e da apoptose. Naunyn Schmiedebergs Arch. Pharmacol. 394, 707-716.

G

- Gresta, F., Lombardo, G.M., Ruberto, G., Siracusa, L., 2008a. Saffron, uma cultura alternativa para sistemas agrícolas sustentáveis: uma revisão. Agron. Sustain. Dev. 28 (1), 95-112.
- Gresta, F., Santonoceto, C., Avola, G., 2016. Rotação de culturas como uma estratégia eficaz para o cultivo de açafrão (Crocus sativus L.). Sci. Hort. 211 (1), 34-39.
- Ghanbari, J., Khajoei-Nejad, G., van Ruth, S.M., Aghighi, S., 2019. A possibilidade de melhoria do florescimento, propriedades do núcleo, compostos bioativos e atividade antioxidante no açafrão (Crocus sativus L.) por diferentes regimes nutricionais. Ind. Crop Prod. 135, 301-310.
- Gudarzi, S., Jafari, M., Pirzad Jahromi, G., Eshrati, R., Asadollahi, M., Nikdokht, P., 2020. Avaliação dos efeitos moduladores do extrato aquoso de açafrão (Crocus sativus L.) no estresse oxidativo em pacientes com AVC isquêmico: Um ensaio clínico randomizado. Nutr. Neurosci. 1-10.
- Guignard, J. (2000). Bioquímica das plantas. 2ª edição. Édition Dunod, Paris.

H

- Husaini, A.M., 2014. Desafios das mudanças climáticas: biologia baseada em omics de plantas de açafrão e biotecnologia agrícola orgânica para a produção sustentável de açafrão. Alimentos de culturas GM 5 (2), 97-105.
- Hamidi, Z., Aryaeian, N., Abolghasemi, J., Shirani, F., Hadidi, M., Fallah, S., Moradi, N., 2020. O efeito do suplemento de açafrão nos resultados clínicos e perfis metabólicos em pacientes com artrite reumatoide ativa: um ensaio clínico randomizado, duplo-cego e controlado por placebo. Phytother. Res. 34, 1650-1658.
- Hassanpour, S., MaheriSis, N., &Eshratkhah, B. (2011). Plantas e metabolitos secundários (taninos): A Review. Revista Internacional de Floresta, Solo e Erosão (IJFSE), 1(1), 47-53.
- Hassanein, A., Ahmed, A., Abed-El-Hafez, A., e Soltan, D. (1999). Expressão de isoenzimas durante a formação de raízes e rebentos em Solanum nigrum. Biologia Plantarum 42, 341-347.

I

- Ibn Sina, H.A., 2015. In: Masoudi, A. (Ed.), Al-Qanun fi'l-Tibb (O Cânone da Medicina (em árabe)), Vol. 2. Alma'ee, Teerão.

J

- Javid A. Parray, Azra N. Kamili, Rehana Hamid & Amjad M. Husaini (2012) Produção in vitro de cormetes de açafrão (Crocus sativus L. Kashmirianus) e sua resposta de floração em estufa, GM Crops & Food, 3:4, 289-295, DOI: 10.4161/gmcr.21365

K

- Kothari, Deepak, Rajesh Thakur e Rakesh Kumar. "Açafrão (Crocus sativus L.): Ouro das especiarias - uma revisão abrangente." *Horticultura, Meio Ambiente e Biotecnologia* 62.5 (2021): 661-677.

- Kothari, Deepak, Rajesh Thakur e Rakesh Kumar. "Açafrão (Crocus sativus L.): Ouro das especiarias - uma revisão abrangente." *Horticultura, Meio Ambiente e Biotecnologia* 62.5 (2021): 661-677.
- Kafi, M., Koocheki, A., Rashed, M.H., Nassiri, M., 2006. Produção e processamento de açafrão (Crocus Sativus). Science Publishers, Estados Unidos da América, pp. 1-221.
- Kanakis C., Polissiou M., Tarantilis P., Tajmir-Riahi H. Crocetin, dimetylcrocetin, and safranal bind human serum albumin: stability and antioxidative properties. journal of agricultural and food chemistry, 2007, 55 (3), pp. 970-977.
- Karimi, E., Oskoueian, E., Hendra, R., & Jaafar, H. Z. (2010). Avaliação dos compostos fenólicos e flavonóides do estigma de Crocus sativus L. e da sua atividade antioxidante. *Molecules (Basileia, Suíça)*, *15*(9), 6244-6256.
- Kyriakoudi,A.,Ordoudi,S.,Roldán-Medina, M.,Tsimidou,M.,2015.Saffron,afunctional spice. Austin J. Nutri. Food Sci. 3 (1), 1059.
- Kabiri M, Rezadoost H, Ghassempour A (2017) Um estudo comparativo da qualidade dos constituintes do açafrão através dos métodos HPLC e HPTLC seguido do isolamento de crocinas e picrocrocina. LWT 84:1-9.
- Kadkhodaee R Hemmati-Kakhki A (2007) Extração ultra-sónica de compostos activos de açafrão Em Koocheck A et al (Edit) Simpósio Internacional de Biologia e Tecnologia de Açafrão. ISHS Irão 2007.
- Kaboré, Aminata, et al. "Evaluation de la qualité physicochimique de l'eau des forage dans la région du centrenord au Burkina Faso: Cas des écoles primaires". *Revista Internacional de Inovação e Estudos Aplicados* 29.4 (2020): 1349-1357.

L

- LAHMADI, S. - GUESMIA, H. - ZEGUERROU, R. - MAAOUI, M. - BELHAMRA, M. 2013. La culture du safran (Crocus sativus L.) En régions arides et semi-arides cas du sud est algérien. In Journal Algérien des Régions Arides, 2013, no. Spécial, pp. 18-27.
- Lahmass,I.;Ouahhoud,S.;Elmansuri,M.;Sabouni,A.;Elyoubi,M.;Benabbas,R.;Saalaoui,E.Determinação das Propriedades Antioxidantes de Seis Subprodutos de Produtos Vegetais de Crocus sativus L. (Saffron). Valorização da Biomassa de Resíduos. 2018, 8, 1349-1357.
- Leone, S., Recinella, L., Chiavaroli, A., Orlando, G., Ferrante, C., Leporini, L., Brunetti, L., Menghini, L., 2018. Uso fitoterápico do Crocus sativus L. (Saffron) e suas potenciais aplicações: uma breve visão geral. Phytother. Res. 32 (12), 2364-2375.

M

- Mohtashami, Leila, et al. "The genus Crocus L.: A review of ethnobotanical uses, phytochemistry and pharmacology." *Culturas e produtos industriais* 171 (2021): 113923.

- Molina, R.V., Valero, M., Navarro, Y., Guardiola, J.L., Garcia-Luis, A., 2005. Efeitos da temperatura na formação de flores em saffron (Crocus sativus L.). Sci. Hort. 103, 361-379.
- Mzabri, I., Addi, M., Berrichi, A., 2019. Usos tradicionais e modernos de saffron (Crocus Sativus). Cosméticos. 6 (4), 63.
- Mohajeri, D., Mousavi, G., Doustar, Y., 2009. Efeitos anti-hiperglicémicos e protectores do pâncreas do extrato etanólico do estigma de Crocus sativus L. (açafrão) em ratos com diabetes induzida por aloxano. J. Biol. Sci. 9, 302-310.

P

- Parray, Javid A., et al. "Produção in vitro de cormetes de açafrão (Crocus sativus L. Kashmirianus) e sua resposta de floração em estufa". *GM crops & food* 3.4 (2012): 289-295.

- Parray, J. A., et al. "Produção in vitro de cormetes de açafrão (Crocus sativus L. Kashmirianus) e sua resposta à floração em estufa. GM Crops Food 3 (4): 289-295." (2012).

R

- Rabani-Foroutagheh, M., Hamidoghlia, Y., Mohajeri, S.A., 2014. Efeito da fertilização foliar dividida na qualidade e quantidade de constituintes ativos no açafrão (Crocus sativus L.). J. Sci. Food Agric. 94, 1872-1878.
- Rafiee, H., Naghdi Badi, H., Mehrafarin, A., Qaderi, A., Zarinpanjeh, N., Sekara, A., Zand, E., 2016. Aplicação de bioestimulantes vegetais como nova abordagem para melhorar as respostas biológicas das plantas medicinais - uma revisão crítica. J. Med. Plant Res. 15 (59), 6-39.
- Ruggiu, M., Manuello, B.A., 2006. Um dispositivo mecânico para a colheita de flores de Crocus sativus (saffron). Applied Eng. Agric. 22 (4), 491-498.

S

- Shahi T, Assadpour E, Jafari SM (2016) Principais compostos químicos e actividades farmacológicas de estigmas e tépalas de "ouro vermelho"; açafrão. Trends Food Sci Technol 58:69-78.
- Shokrpour, M., 2019. Reprodução de Saffron (Crocus sativus L.): oportunidades e desafios. Em: Al-Khayri, J., Jain, S., Johnson, D. (Eds.), Avanços nas estratégias de melhoramento de plantas: Industrial and Food Crops. Springer, Cham, pp. 675-706.
- Souret, F., Weathers, P., 2000. O crescimento de saffron (Crocus sativus L.) em aeroponia e hidroponia. J. Herb. Spices Med. Plants. 7, 113-127.
- Samarghandian S, Borji A (2014) Efeito anticarcinogénico do açafrão (Crocus sativus L.) e dos seus ingredientes. Pharmacogn Res 6:99-107.
- Sharifi, Golandam. "Enzimas antioxidantes de plantas - Estudo de caso: Organogénese in vitro de açafrão (Crocus sativus L.)". *Antioxidant Enzyme* (2012): 369.

T

- Tammaro, F., 1999. Açafrão (Crocus sativus L.) em Itália. In: Negbi, M. (Ed.), Saffron: Crocus sativus L. Harwood Academic Publishers, Austrália, pp. 53-62.
- Teusher E., Anton R., Lobstein A. Aromatic plants: spices, herbs, condiments and essential oils. Lavoisier Ed., Illkirch. 2005, pp.429-435.

W

- Wali, Adil Farooq, et al. "O extrato de Crocus sativus L. contendo polifenóis modula o stress oxidativo e a resposta inflamatória contra a lesão hepática induzida por medicamentos anti-tuberculose". *Plantas* 9.2 (2020): 167.
- www. worldweatheronline.com.

Printed by Books on Demand GmbH, Norderstedt / Germany